探索百科丛书

恐龙星球
Dinosaur

恐龙时代

崔钟雷　主编

黑龙江美术出版社

图书在版编目(CIP)数据

恐龙星球. 恐龙时代 / 崔钟雷编. -- 哈尔滨：黑
龙江美术出版社，2016.12
（探索百科丛书）
ISBN 978-7-5318-9714-9

Ⅰ. ①恐… Ⅱ. ①崔… Ⅲ. ①恐龙－青少年读物
Ⅳ. ①Q915.864-49

中国版本图书馆 CIP 数据核字（2016）第 303818 号

书　　名/**恐龙时代**

主　　编/崔钟雷
策　　划/钟　雷
副 主 编/王丽萍　姜丽婷　张文光
责任编辑/林宏海
装帧设计/稻草人工作室
出版发行/黑龙江美术出版社
地　　址/哈尔滨市道里区安定街 225 号
邮政编码/150016
编辑版权热线/（0451）55174988
销售热线/4000456703　（0451）55183001
网　　址/www.hljmscbs.com
经　　销/全国新华书店
印　　刷/江西华奥印务有限责任公司
开　　本/889mm×1194mm　1/16
印　　张/5.5
字　　数/160 千字
版　　次/2016 年 12 月第 1 版
印　　次/2017 年 1 月第 1 次印刷
书　　号/ISBN 978-7-5318-9714-9
定　　价/28.80 元

前言

　　物竞天择，适者生存，这是大自然的法则。

　　恐龙，地球陆地生态系统曾经的统治者。恐龙出现于两亿三千万年前，在一次大灭绝"扫荡"地球生态之后，恐龙逐渐成为无可匹敌的陆地霸主。但在六千五百万年前，它们成为了另一次大灭绝事件的"受害者"。恐龙从此销声匿迹，它们在生命长河中开创的辉煌历史也被岁月的风沙掩埋。

　　时至今日，恐龙时代已经成为过去，只有恐龙化石还尘封着那个时代的记忆。借助多种高科技手段，人们终于揭开了恐龙的神秘面纱。形形色色的恐龙各有特点，它们或凶残，或温顺，或外形奇怪，或集群活动，或身怀绝技，或力大无比，它们依靠自己的"一技之长"在生命的舞台上占据了一席之地。

　　你想了解恐龙进化的来龙去脉吗？你想知道恐龙的特殊习性吗？你想成为恐龙"百事通"吗？《探索百科丛书·恐龙星球》有详尽的恐龙科普知识，可以满足你对恐龙的好奇心。逼真的场景、传神的恐龙复原图，用炫酷的方式向你介绍新鲜的恐龙科普知识，让你领略昔日霸主的风采。本套丛书装帧精美、图文并茂、设计新颖、分类清晰，给你全新的阅读体验，让你在惊喜之余，走进梦幻般的恐龙王国，探秘这些史前霸主的非凡生命。

编　者

目录

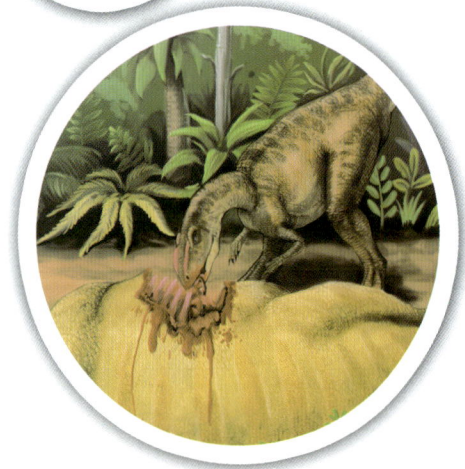

阿巴拉契亚龙资料：

拉丁学名：Appalachiosaurus

分类：蜥臀目 暴龙科

身长：约 7 米

体重：约 600 千克

分布范围：美国阿拉巴马州

长腿猎食者：阿巴拉契亚龙

阿巴拉契亚龙是一种体形中等的肉食性恐龙。它们的前肢短小，不具备行走功能；后肢很长，它们以后足行走或奔跑。阿巴拉契亚龙的行动迅速，发现猎物后，它们能快速奔跑抓住猎物，并用嘴中锋利的牙齿撕咬猎物，而它们的长尾巴则能在奔跑时保持身体平衡。

孔洞

阿巴拉契亚龙的头骨有大型孔洞，可有效减轻重量。

搜寻猎物

为了维持身体的能量需要，阿巴拉契亚龙需要经常外出搜寻猎物，有时，它们甚至会吃腐肉。

化石发现

目前仅有一具幼年阿巴拉契亚龙的骨骼化石被发现,这具骨骼化石是迄今为止在北美洲东部发现的保存最完整的兽脚类恐龙化石。

牙齿

阿巴拉契亚龙的牙齿外形酷似弯刀,这样的牙齿方便啃食猎物的皮肉。

发现意义

已被发现的阿巴拉契亚龙化石为古生物学家提供了较多可供研究的资料,大部分阿巴拉契亚龙的信息都来自于这具骨骼化石。

阿马加龙资料：

拉丁学名：Amargasaurus cazaui

分类：蜥臀目 叉龙科

身长：9~10 米

体重：不详

化石发现地：阿根廷内乌肯省

背部长帆的大家伙：阿马加龙

    阿马加龙最明显的身体特征就是从颈椎到背椎上有两列高高隆起的帆状物，阿马加龙的帆状物从颈部经过背部，一直延伸到臀部，在颈部达到最高，至臀部高度逐渐降低。

帆状物的作用

阿马加龙的帆状物可以起到自卫或与同伴沟通的作用。

脖子特点

阿马加龙的脖子很长,脖子的长度几乎是身躯的 1.3 倍,但是阿马加龙与其他蜥脚类恐龙相比,脖子较短。

独立进化 ▷▷▷

阿马加龙生活在白垩纪时期的南美洲,因为当时的南美洲是一块较封闭的大陆,因此,在此生活的很多生物的进化都是独立进行的,阿马加龙就是这类恐龙中的一种。

叉龙资料：

拉丁学名:Dicraeosaurus

分类:蜥臀目 叉龙科

身长:约 12 米

体重:约 7 吨

化石发现地:坦桑尼亚

"双叉蜥蜴"：叉龙

身体特点

与大多数蜥脚类恐龙相比，叉龙的体形有很多独特之处。叉龙身躯庞大，但脖子相对较短、较粗，头部较大。

叉龙是一种身材高大的蜥脚类恐龙，它们的脊椎背面长有叉子形状的神经棘，叉龙也因此得名。叉龙背部的肌肉附着在这些神经棘上，并在颈部和背部形成了非常明显的隆脊。

自卫能力

在蜥脚类恐龙中，叉龙的体形较小，但叉龙颈部、躯干、四肢的肌肉十分发达，抵御猎食者的能力不容小觑。

细长的尾巴

叉龙的尾巴细长，呈鞭状，可用于抽打猎食者。

牙齿特点

叉龙的口鼻部狭窄，牙齿细小呈钉状，只位于颌部前端。古生物学家发现，叉龙化石的牙齿磨损痕迹粗糙，这表明它们多取食比较坚硬的植物。

行动能力

与体形较大的植食性恐龙相比，叉龙行动起来更灵活。

长喙龙资料：

拉丁学名：Dolichorhynchops

分类：蛇颈龙目 双臼椎龙科

身长：3.4~4.6 米

体重：不详

化石发现地：美国堪萨斯州

长嘴猎手：长喙龙

长喙龙是一种海生爬行动物，它们的口鼻部狭长，这也是其得名原因。长喙龙的上、下颌又窄又尖，嘴中长有 30~40 颗牙齿，牙齿排列成一排，这样的牙齿结构可以咬住猎物，但不能将猎物撕断，而是将猎物整个吞下。

潜水本领

长喙龙不仅善于游泳，而且它们的潜水本领也很高。长喙龙经常会下潜至深海，寻找更丰富的食物资源，但它们必须回到水面呼吸空气。

类似企鹅

长喙龙在水中的游泳方式可能与现今的企鹅类似。

鳍状肢

长喙龙的鳍状肢由上百根紧密排列的骨头组成,游动起来灵活而有力。

善于游泳

长喙龙可以凭借灵活有力的鳍状肢快速游泳,光滑的皮肤可以减小其在水中的阻力。

适合划水

长喙龙的鳍状肢像船桨一样宽大,十分适合划水。

驰龙资料：

拉丁学名：Dromaeosaurus

分类：蜥臀目 驰龙科

身长：1~2 米

体重：5~15 千克

化石发现地：美国蒙大拿州、加拿大艾伯塔省

眼睛最大的恐龙：驰龙

驰龙是一种小型肉食性恐龙，它们也是目前为止人们已知眼睛最大的恐龙。驰龙眼睛的直径可达 8 厘米，大小是人眼的 3.33 倍。驰龙的视觉系统发达，它们能够凭借发达的立体视觉判断猎物的方位和距离。

发达的大脑

驰龙的大脑体积虽然不大,但驰龙大脑的脑褶皱沟壑比多数恐龙要多,因此,驰龙要比一般恐龙聪明许多。

镰刀状趾爪

驰龙后肢的第二个脚趾上长有镰刀状的利爪。

行动敏捷

驰龙的体形较小,后肢强壮有力,奔跑速度极快,这大大提高了驰龙的捕食成功率。

咬合力

驰龙虽然体形较小,但它们的颌骨发达,咬合力相对较强。

捕食方式

单独捕猎时,驰龙会攻击小型动物等容易对付的目标。有时,驰龙会集群捕食,它们能在协同捕猎的过程中提高群体的生存能力。

慈母龙资料：

拉丁学名：Maiasaura

分类：鸟臀目 慈母龙科

身长：6~9 米

体重：2~4 吨

化石发现地：美国蒙大拿州、加拿大艾伯塔省

"慈祥的母亲"：慈母龙

慈母龙是一种会照顾后代的恐龙，这也是它们得名的原因。成年雌性慈母龙会一直照顾后代，直到小慈母龙能够独立生存。

成年慈母龙
会全力保护自己
的后代。

成活率

抚育行为使
慈母龙有较高的
成活率。

做窝

在产蛋之前，雌性慈母龙
会先在地上给自己的"孩子"搭
建一个舒舒服服的窝，这个窝
大致呈碗状。

迪亚曼蒂纳龙资料:

拉丁学名:Diamantinasaurus

分类:蜥臀目 泰坦巨龙类

身长:约 16 米

体重:约 22 吨

化石发现地:澳大利亚昆士兰州

庞然大物:迪亚曼蒂纳龙

迪亚曼蒂纳龙是一种大型植食性恐龙,属于泰坦巨龙类,它们有和其他泰坦巨龙类一样较小的头部、宽阔的胸部和鞭子状的尾巴。不过大部分的泰坦巨龙类恐龙皮肤上长有小型鳞片甚至坚硬的鳞甲,但目前,古生物学家仍未发现迪亚曼蒂纳龙长有鳞甲。

外形特点

迪亚曼蒂纳龙四肢粗壮,脖子很长,骨骼和肌肉发达。

行动方式

迪亚曼蒂纳龙主要以四足着地的方式行走,且行动缓慢。

群体迁徙

当食物资源匮乏时,迪亚曼蒂纳龙会进行群体迁徙。

进食特点

迪亚曼蒂纳龙食量很大，它们不仅吃树蕨、银杏等高大植物的枝叶，也吃低矮的蕨类和其他植物。

消化方式

迪亚曼蒂纳龙平时会吞下一定数量的小石头，将胃里的食物磨碎。

性情温顺

迪亚曼蒂纳龙是一种性情温顺的群居性恐龙，很少发生同类间互相争斗的现象。

体形巨大的原因

古生物学家猜测，生存威胁和食物资源丰富这两大重要因素，是迪亚曼蒂纳龙进化出巨大体形的根本原因。

生存威胁

在迪亚曼蒂纳龙生存的年代，澳大利亚地区并没有大型猎食者，但有一种小型猎食者——南方猎龙，它们是迪亚曼蒂纳龙的主要天敌。

恶龙资料：

拉丁学名：Masiakasaurus

分类：蜥臀目 西北阿根廷龙科

身长：1.5~1.8 米

体重：约 36 千克

化石发现地：马达加斯加

"龅牙渔夫"：恶龙

恶龙是一种肉食性恐龙，它们的体形并不是很大，但它们性情十分凶猛。恶龙的下颌结构很特殊，下颌上的第一颗牙齿几乎是水平前伸的，但是前排牙齿的尖端则向内弯曲，并且有细密的锯齿。恶龙的牙齿在恐龙家族中可以说是独一无二的，恶龙可能利用这种特殊的牙齿捕食鱼类。

捕鱼优势

弯曲的牙齿能够帮助恶龙咬住体表光滑的鱼，防止它们挣脱。此外，这种特殊的牙齿也有助于恶龙吞咽猎物。

行走姿态

恶龙后肢粗壮，且前肢短小，这样的身体结构证明恶龙是以后足行走的恐龙。

特殊的骨骼结构 ▶▶▶

恶龙的骨骼结构很特殊，表现在它们的趾骨比较发达，腕骨较圆，髂骨和耻骨的关节像插座般排列。

化石

目前发现的恶龙化石还不够完整，完整度大约为40%，发现的化石中包含下颌、椎骨、前肢和后肢等部位。

食性特点

除了捕食鱼类外，恶龙可能还会利用其特殊的牙齿构造捕食小型爬行动物。

恶魔角龙资料:

拉丁学名:Diabloceratops

分类:鸟臀目 角龙科

身长:约 5.5 米

体重:不详

化石发现地:美国犹他州

恶魔般的有角面孔:
恶魔角龙

恶魔角龙是一种出现较早的角龙类恐龙,体形与现今犀牛的体形大致相当。恶魔角龙长有大型头盾和长而弯曲的角,这样的外形与欧美传说中的恶魔有相似之处,这也正是恶魔角龙的得名原因。

四只角

恶魔角龙头盾最上端长有两只向外弯曲的长角,长度约60厘米,此外,它们的眼睛上方还有两只额角,长度约为25厘米。

性情温顺

虽然恶魔角龙的名字听起来有些恐怖,但它们的性情十分温顺。恶魔角龙经常成群活动,群体内部很少有打斗行为。

独特的颧角

恶魔角龙颌部两侧长有两只短角,这是恶魔角龙的颧骨延伸而成的。

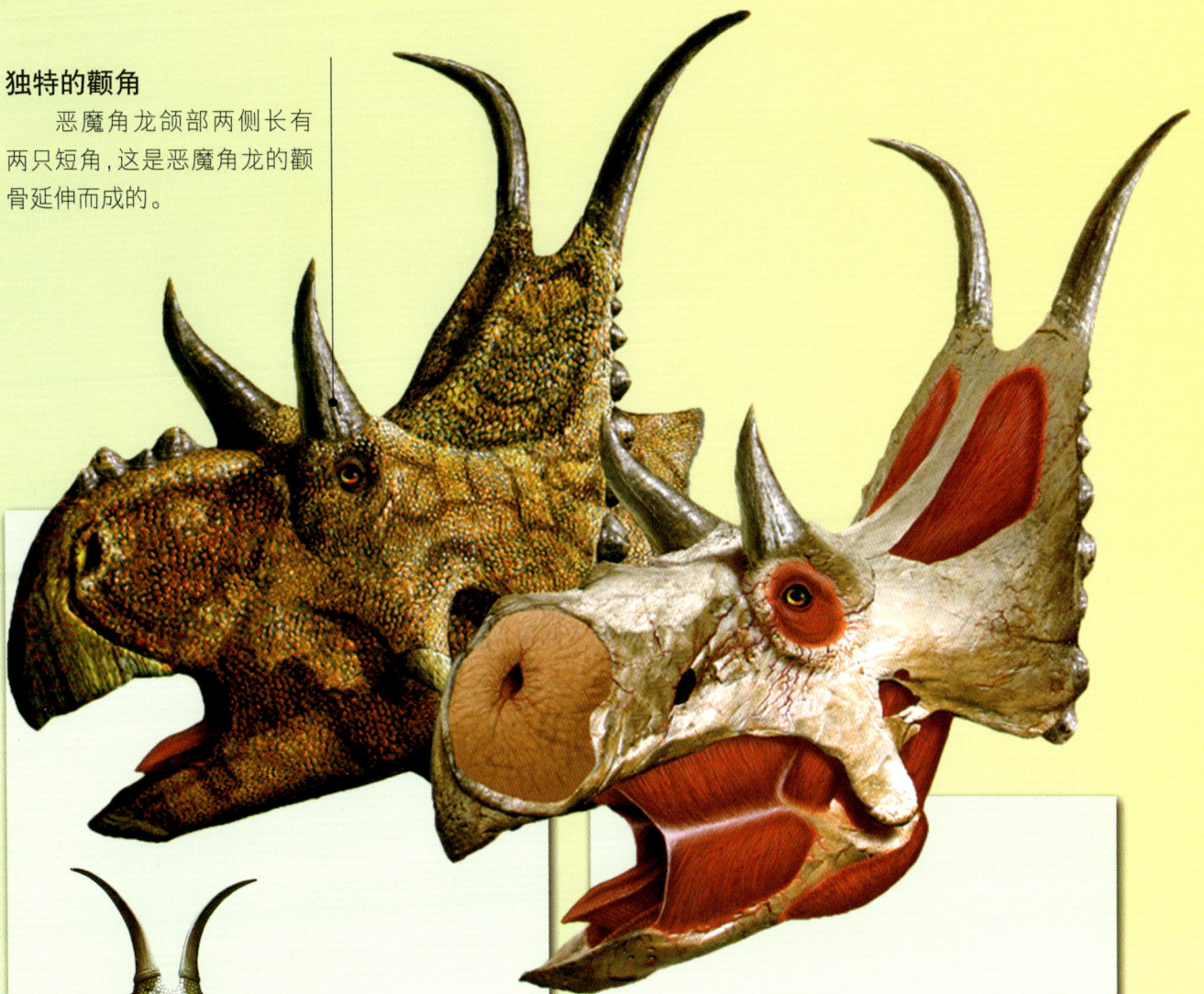

头盾

恶魔角龙的头盾虽然很大,但重量较轻,因为头盾骨骼上有两个对称的圆形孔洞。

食物

恶魔角龙主要以高度较低的植物为食,它们虽然能够用后肢站立,但取食高度仍然有限。

副细颚龙资料：

拉丁学名:	Procompsognathus
分类:	蜥臀目 虚骨龙类
身长:	约 1.2 米
体重:	不详
化石发现地:	德国

小型猎手：副细颚龙

副细颚龙是一种行动敏捷的小型恐龙，副细颚龙生活在干燥的内陆地区，主要以这种环境中常见的昆虫为食。此外，副细颚龙也吃蜥蜴和其他小型动物，它们也会集群捕食大型猎物。

身体特征

副细颚龙的头部细长，口鼻部也较长，口中长有尖细的牙齿。

合作捕食

合作捕食时，成群的副细颚龙会分头攻击猎物的不同部位，直到猎物失去反抗能力，它们就会蜂拥而上，饱餐一顿。

骨骼特征

副细颚龙的骨骼并不粗壮，但很坚固，骨骼中有很多小的孔洞，这能够减轻副细颚龙的体重，有利于它们快速运动。

行动敏捷

副细颚龙的行动敏捷，它们能够追上大多数小型猎物。

副栉龙资料:

拉丁学名:	Parasaurolophus
分类:	鸟臀目 鸭嘴龙科
身长:	约9.5米
体重:	约2.5吨
化石发现地:	美国蒙大拿州、新墨西哥州和加拿大艾伯塔省

头冠最长的恐龙:副栉龙

副栉龙以头盖骨上大型、修长的头冠而闻名,成年副栉龙的头冠能够达到两米长,它们因此成为了头冠最长的恐龙。副栉龙的头冠与上颌骨、鼻骨相连,从头部一直向后延伸出去。

标志性差异

冠饰是雌雄副栉龙之间的标志性差异,同时也是雄性个体争夺配偶的展示物。

发声

副栉龙的头冠可能有发声功能,用于与同伴沟通。

副栉龙最有效的自卫方式是快速逃走,同时向同伴发出危险信号。

外形特点

副栉龙身体强壮,脖子短粗,它们的嘴与鸭子的喙很像。

抵御猎食者

大型肉食性恐龙是副栉龙的天敌,副栉龙会通过群居的方式提高抵御猎食者的能力。

古林达奔龙资料：

拉丁学名：Kulindadromeus

分类：鸟臀目

身长：不详

体重：不详

化石发现地：俄罗斯

长羽毛的植食性恐龙：
古林达奔龙

古林达奔龙是一种小型植食性恐龙，生存于 1.69~1.44 亿年前的侏罗纪时期。古林达奔龙的体表长有一层稀疏而柔软的羽毛。长期以来，古生物学家认为只有肉食性恐龙才长有羽毛，古林达奔龙化石的发现颠覆了古生物学家之前的观点，证明了植食性恐龙的身上也长有羽毛。

原始特征

古林达奔龙的前肢上长有五指，这是一种十分原始的恐龙特征。

独特的尾巴

古林达奔龙的尾巴表面被一层坚硬的鳞甲覆盖，它们的尾巴较长且十分粗壮，是抵御猎食者最好的武器。

四肢特点

古林达奔龙的前肢短而粗壮，后肢较长且肌肉发达，它们以后足着地的方式行走。

头部特点

古林达奔龙的头部小而圆，口鼻部较尖，眼睛较大，它们的视力可能较好。

混鱼龙资料：

拉丁学名：Mixosaurus

分类：鱼龙目 混鱼龙科

身长：约1米

体重：不详

化石发现地：中国、美国、英国

原始鱼龙：混鱼龙

混鱼龙生存于三叠纪中期，是一种比较原始的鱼龙。混鱼龙是最小的鱼龙类动物之一，它们在形态特征上保留了很多原始爬行动物的特点，这也从侧面证明了海洋爬行动物与陆地爬行动物有共同的祖先。

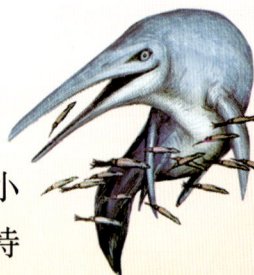

捕食

混鱼龙主要以鱼类为食，它们会尾随鱼群，出其不意地攻击鱼群。

共同生存

混鱼龙可能和其祖先杯椎龙共同生活了上千万年之久，在自然界，这种与祖先共同生活的现象并不罕见。

命名原因

混鱼龙的外形介于像鳗鱼的鱼龙类动物与像海豚的鱼龙类动物之间,混鱼龙的名字也由此而来。

游泳能力

混鱼龙的游泳能力很强,它们依靠左右摆动尾巴的方式获得前进的动力。

分布广泛

古生物学家在世界大部分地区都发现了混鱼龙的骨骼化石,这表明混鱼龙在其生存的时代是一种分布广泛的动物,它们对环境的适应能力很强。

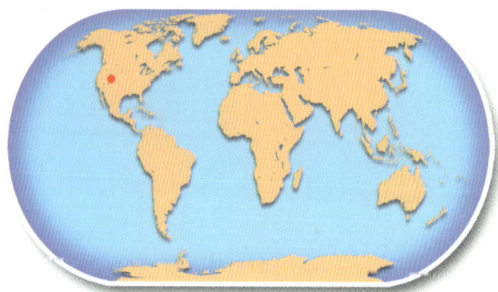

加斯顿龙资料：

拉丁学名：Gastonia

分类：鸟臀目 甲龙科

身长：4～5米

体重：约1吨

化石发现地：美国犹他州

"活碉堡"：加斯顿龙

加斯顿龙是一种以四足行走的甲龙类恐龙，是多刺甲龙的近亲。加斯顿龙就像一座活碉堡，从头到尾都覆盖着排列整齐的刀片一样的巨大棘刺，肩膀上还有巨大的尖刺。加斯顿龙的头部呈圆盔状，并且十分厚，具有很强的防御能力。

御敌方式

加斯顿龙的尾巴粗壮有力，而且整条尾巴上都长有长棘刺。当受到敌人攻击的时候，加斯顿龙只要用力地挥动尾巴，就会给对手造成一定的伤害。

从未停止的战争

加斯顿龙与犹他盗龙是"老对手"，这两种恐龙之间的战争可能从未停止过。

同类争斗

有时，加斯顿龙会为了争夺地盘或配偶与同类争斗。

不好惹的家伙

加斯顿龙并不好惹，一般的猎食者都不敢轻易攻击它们。

巨刺龙资料：

拉丁学名：Gigantspinosaurus

分类：鸟臀目 剑龙科

身长：约 4.2 米

体重：约 700 千克

化石发现地：中国四川省

丛林"刺客"：巨刺龙

巨刺龙是一种中型剑龙类恐龙，其最明显的身体特征就是小型骨板与大型尖刺，尖刺的长度能达到肩胛骨的两倍长。巨刺龙的尾巴末端长有 4 根尖刺，对称分布在尾巴的两端。这些尖刺使巨刺龙成为了生活在丛林中的"刺客"。

生活习性

巨刺龙集群生活，以提高抵御猎食者的能力和寻找食物的能力。

骨板

除了尖刺外，巨刺龙的背部还长有小型骨板，骨板呈三角形。

行走方式

巨刺龙主要以四足着地的方式行走。

身体结构

与其他剑龙类恐龙相比，巨刺龙的头部相对较大，颈部粗壮，身体后部比前部宽。

牙齿

巨刺龙下颌每边约有 30 颗牙齿，能很好地咀嚼食物。

进食

巨刺龙主要以低矮植物为食，有时，它们会用后足站立起来采食高处的植物。

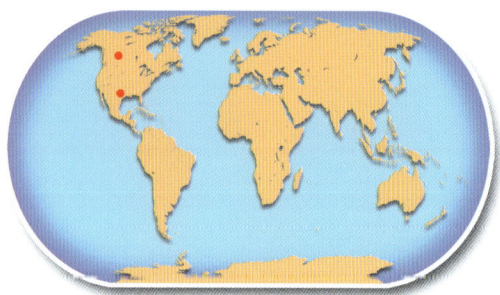

开角龙资料：

拉丁学名：Chasmosaurus

分类：鸟臀目 角龙科

身长：4.8~5 米

体重：约 1 吨

化石发现地：美国得克萨斯州、加拿大艾伯塔省

"迷你三角龙"：开角龙

开角龙是一种角龙类恐龙，外形与三角龙十分相像，但体形比三角龙小很多，看上去就像"迷你三角龙"。开角龙主要有三只角，一只长在鼻端，两只长在前额，角的长短随着种类的不同而不同。开角龙的头部后方长有大型头盾，头盾呈心形，又大又长，头盾的中央有两个大孔洞。

特殊的骨突

有些开角龙的头盾上长有一些小型头盾缘骨突，从头盾的边缘向外延伸。

脆弱的头盾

开角龙的头盾虽然很大，但很薄，十分脆弱，不能起到抵御猎食者的作用。

皮肤特点

古生物学家在发现开角龙骨骼化石的同时,还发现了化石化的开角龙皮肤。开角龙的皮肤上长着皮内成骨,每边有五六个。

头盾的作用

开角龙的头盾可能有调节体温或吸引异性的作用。

御敌方式

开角龙通常是集群活动的,当受到大型猎食者进攻时,成年雄性开角龙会围成一个圈,头盾向外,将防御能力弱的开角龙保护在圈中。

食性特点 ›››››

开角龙是一种植食性恐龙,其面部和嘴部通常较长,嘴部呈喙状,可以咬断坚硬的植物。古生物学家因此推测,开角龙在采食植物的时候可能有更多的选择权。

肯氏龙资料：

拉丁学名：Kentrosaurus

分类：鸟臀目 剑龙科

身长：约 5 米

体重：约 320 千克

化石发现地：坦桑尼亚

"钉子户"：肯氏龙

行走方式

　　肯氏龙以四足着地的方式行走，偶尔会用后肢站立起来。

生活习性

　　肯氏龙有群居的生活习性。

　　肯氏龙又名钉状龙，颈部至背部长有狭长的骨板，背部至尾端长有像钉子一样纵向生长的尖刺。骨板和尖刺都是分成两列对称排列的，这种组合方式是肯氏龙在面对大型猎食者的时候最有效的身体优势。

自卫能力

　　肯氏龙的自卫能力较强，一旦遭到肯氏龙满是尖刺的尾巴的扫击，猎食者受到的伤害将会是致命的。

食性特点

　　肯氏龙以低矮植物为食，不会与大型植食性恐龙争抢食物。

觅食能力

　　肯氏龙觅食本领较强，干旱季节，它们会挖出埋在土壤中的植物根茎为食。

昆卡猎龙资料:

拉丁学名	Concavenator
分类	蜥臀目 鲨齿龙科
身长	约 6 米
体重	约 800 千克
化石发现地	西班牙

驼背恐龙:昆卡猎龙

昆卡猎龙是一种外形奇特的肉食性恐龙,其背脊部有一处非常明显的隆起,隆起由两节脊椎骨延伸而成,可能有吸引异性和调节体温的作用。

捕猎能力

昆卡猎龙的牙齿虽然不是很长,但是特别锋利,非常适合撕咬猎物。另外,昆卡猎龙的后肢十分强壮,奔跑能力很强。

前肢

昆卡猎龙的前肢虽然短小，但有较大的活动范围，能够灵活地攻击猎物或辅助进食。

行动敏捷

昆卡猎龙的身体修长，行动敏捷。

棱背龙资料:

拉丁学名:Scelidosaurus

分类:鸟臀目 腿龙科

身长:3~4 米

体重:约 800 千克

化石发现地:中国西藏、美国亚利桑那州

轻度装甲:棱背龙

侏罗纪时期,巨大的肉食性恐龙无处不在,植食性恐龙必须小心地避开巨大的肉食性恐龙。大约也是在这个时期,身形较大的植食性恐龙开始进化出装甲,棱背龙就是最早的装甲恐龙之一,它们身上的装甲还没有向大型化和多样化发展。

下颌

棱背龙的下颌能够上下活动,可磨碎食物。

外形特点

棱背龙的大小与一头小牛的大小相当,它们的头部很小,身体浑圆,四肢粗短,看上去十分笨拙。

骨甲

棱背龙脊背的皮肤上布满一排排骨甲,从后脑一直延伸到尾尖。

防御能力

棱背龙可以利用装甲保护自己，而且棱背龙身体位置较低，可以很好地保护腹部这一薄弱部位。

43

棱齿龙资料：

拉丁学名：Hypsilophodon

分类：鸟臀目 棱齿龙科

身长：1.4~2.3 米

体重：50~70 千克

化石发现地：美国、英国、西班牙、葡萄牙

"中生代的鹿"：棱齿龙

棱齿龙的分布范围比较广，主要栖息在森林地区，是一种群居的植食性恐龙。棱齿龙的体形较矮，因此，它们只能以低矮的植物为食。棱齿龙的生活习性很可能类似现今的鹿，因此，它们被称为"中生代的鹿"。

爬树高手

棱齿龙有很强的爬树本领,可以爬到很高的树上寻找食物或是躲避猎食者。

繁殖习性 ▶▶▶

棱齿龙在孵蛋的时候会特别精心,在蛋孵化后,棱齿龙是否会照顾后代,我们还不清楚。

原始特征

棱齿龙身上有很多原始特征,它们的进化可能一直处于缓慢或停滞的状态。

理理恩龙资料：

拉丁学名：Liliensternus

分类：蜥臀目 腔骨龙科

身长：2~5 米

体重：100~140 千克

化石发现地：德国、法国

水边"魔鬼"：理理恩龙

　　理理恩龙是三叠纪晚期最大的肉食性恐龙之一，它们通常会埋伏在河流或湖泊的岸边，等到猎物前来饮水时，它们会突然冲出，发动致命的袭击。植食性恐龙对水源的依赖性较高，它们不耐渴，所以，水源周围成为植食性恐龙的聚集地，这里也成为了理理恩龙的"猎场"。

称霸三叠纪

　　理理恩龙是三叠纪晚期优势的猎食者，是三叠纪时期的霸主之一。

捕食习性

理理恩龙捕食能力很强，经常能够独立猎食。但是，为了提高捕食成功率，理理恩龙有时会选择群体捕食。

镰刀龙资料:

拉丁学名:Therizinosaurus

分类:蜥臀目 镰刀龙科

身长:约 10 米

体重:6~7 吨

化石发现地:蒙古国

爪子最长的恐龙:镰刀龙

镰刀龙因为长有外形酷似镰刀的指爪而得名。在所有的恐龙中,镰刀龙的指爪是最长的。成年镰刀龙指爪的平均长度可达 75 厘米,其中最长的是第二个指爪,曾有考古发掘人员在蒙古国发现过长达 1 米的镰刀龙指爪化石。

抵御猎食者

猎食者如果攻击镰刀龙,镰刀龙会用锋利的指爪还击。猎食者经常因为遭到抵抗而放弃捕食镰刀龙。

食性特征

镰刀龙可能是一种杂食性恐龙,它们不仅会捕食小型猎物,还会以植物为食。

镰刀龙的前肢上长有三个修长而锋利的指爪,指爪略微弯曲。镰刀龙的指爪都是前肢骨骼的延伸物,不易受损或折断。

争夺配偶

雄性镰刀龙会以指爪为武器,争夺配偶。

身披羽毛

镰刀龙的外形与生活在陆地上的鸟类相似,身上可能长有羽毛。

行走方式

镰刀龙可能以后足着地的方式行走,这种推测目前已经获得普遍认可。

取食

镰刀龙经常用前肢上的指爪抓取食物。

无法飞行

镰刀龙虽然长有羽毛,但它们体形臃肿,所以它们并不具备飞行能力。

梁龙资料:

拉丁学名	Diplodocus
分类	蜥臀目 梁龙科
身长	27~30 米
体重	约 10 吨
化石发现地	美国蒙大拿州、科罗拉多州、怀俄明州、犹他州

北美洲霸主:梁龙

梁龙是整个恐龙家族中最具代表性的物种之一,梁龙在其生存时期曾统治北美洲地区长达一千万年之久,因此,它们被称为北美洲霸主。

外形特征

梁龙长着很小的头部、长长的脖子、庞大的身躯和鞭状的尾巴,这也是梁龙最明显的外形特征。

保持平衡

梁龙的长脖子和长尾巴可以稳定身体重心,保持身体平衡。

挥尾御敌

遇到大型猎食者袭击时,梁龙会挥动自己的尾巴抽打猎食者。

进食方式 ▶▶▶

梁龙在吃植物的时候并不咀嚼,而是将植物直接吞下,并借助吞进胃中的石子消化食物。

主要食物

梁龙食量惊人,它们主要以鲜嫩多汁的植物为食。

生长速度

　　梁龙从幼体长成成体只需要短短的十年时间。这样的生长速度让梁龙家族完全有能力面对捕食者众多的恶劣环境。

活动时间

　　梁龙的精力很旺盛，它们没有固定的休息时间，不论白天、黑夜，梁龙都能够活动。

生存优势

　　通常情况下，梁龙的脖子与身体平行或微微上倾，长脖子能够帮助梁龙采食到很大范围内的植物。

拉丁学名：Dracorex

分类：鸟臀目 肿头龙科

身长：3~4 米

体重：不详

化石发现地：美国南达科他州

"全副武装"的恐龙：龙王龙

龙王龙是一种肿头龙类恐龙，"全副武装"的头部是它们最明显的外形特征。龙王龙的头骨很厚，而且头骨前端有密集的、排列不规则的骨钉和尖刺，这是它们抵御猎食者最有力的"武器"。

外形特征

龙王龙身体强壮，后肢发达，前肢短小，尾巴又粗又长。

生活习性 ▶▶▶

龙王龙是一种植食性恐龙，可能有群居的习性，它们大多生活在茂密的丛林中或河边低矮的植物丛中。

食物资源

低矮的针叶树和蕨类植物是龙王龙最喜欢吃的食物，这两种植物在中生代很常见，所以龙王龙的食物资源很丰富。

抵御猎食者

龙王龙身形虽然不大，但它们行动比较敏捷，能够突然起跑，并用头顶撞向猎食者。猎食者一旦被龙王龙顶中，就会遭到重创。

骨钉和尖刺

龙王龙头顶的骨钉和尖刺都是由成骨延伸生长而成的，坚硬而锋利。

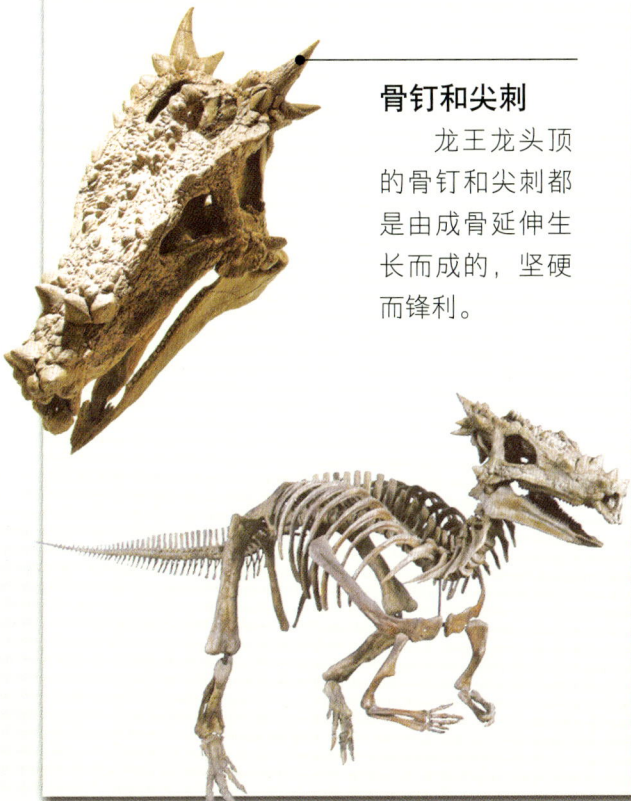

吸引异性

那些头顶骨钉和尖刺更长、更密集的雄性个体最容易找到配偶，因为这样的雄性个体抵御猎食者的能力更强，生存能力也更强。

禄丰龙资料：

拉丁学名：Lufengosaurus

分类：蜥臀目 板龙科

身长：5~6 米

体重：约 3.5 吨

化石发现地：中国云南省

长尾"壮汉"：禄丰龙

禄丰龙是一种体形笨重的恐龙，它们颈部和尾巴都很长，四肢十分粗壮。禄丰龙的长尾巴有很多用处，能帮助它们平衡身体的重量，使头部和颈部能够抬起；还能与后肢构成一个三脚支架，支撑庞大身躯的重量。

生活习性

禄丰龙喜欢生活在水域周围，因为这一地区植被茂盛，为禄丰龙提供了充足的食物资源。

身体特点

禄丰龙头部较小，眼眶大而圆，嘴部狭长，可张开一定角度。

进食方式
　　禄丰龙的牙齿是刀片状的,并且排列得十分紧密,这使得它们能轻易咬断坚硬的植物。

身体姿态
　　禄丰龙以后足着地的方式站立和行走,但在休息的时候,其前肢也可以暂时着地。

前肢特点
　　禄丰龙的前肢上长有巨大而锋利的钩爪,能起到自卫的作用。另外,它们的前肢还能辅助进食。

南极龙资料：

拉丁学名：Antarctosaurus

分类：蜥臀目 南极龙科

身长：约18米

体重：约34吨

化石发现地：阿根廷里奥内格罗省

南美洲巨龙：南极龙

南极龙属于泰坦巨龙类，生活在南美洲地区，是一种体形巨大的、以四足着地方式行走的植食性恐龙。它们四肢粗壮，长有长脖子和长尾巴，脖子能长到14米，长尾巴能够帮助它们在行走时保持身体平衡，也是它们的防御武器。当遇到猎食者攻击时，它们会用力挥动尾巴抽打敌人，起到保护自己的作用。

名字由来

南极龙化石发现于阿根廷，而阿根廷在古希腊文中意为"北的相反"，即"南极"（并非南极洲），南极龙因此得名。

身披鳞甲

古生物学家根据目前发现的部分南极龙化石推测，南极龙的身体从背部到侧腹部可能长有一层厚厚的骨质鳞甲。

鳞甲的作用

南极龙的骨质鳞甲可以保护身体、调节体温。

头部特点

南极龙的头部很小，大约 60 厘米长，和庞大的身躯相比很不协调。

葡萄园龙资料：

拉丁学名：Ampelosaurus

分类：蜥臀目 泰坦巨龙类

身长：约 15 米

体重：不详

化石发现地：法国

中生代的"长颈鹿"：葡萄园龙

葡萄园龙是恐龙中不折不扣的"高个子"，它们个头很高，而且还长有长长的脖子和尾巴。葡萄园龙长长的脖子使它们可以吃到高处植物的叶子，这种特点和现今的长颈鹿很相似，葡萄园龙可以称得上是中生代的"长颈鹿"。

僵硬的脖子

葡萄园龙的脖子很长，但十分僵硬，只能做出幅度有限的摆动。

鳞甲

葡萄园龙的背部长有皮内成骨形成的鳞甲，能够在一定程度上保护葡萄园龙的皮肤，从而保证了这个庞然大物不至于轻易受伤。

脑部很小

葡萄园龙是地球上曾经存在过的大型恐龙之一，但是经过研究，它们的大脑只有网球那么大，由此可见，葡萄园龙并不是一种十分聪明的恐龙。

神经球

古生物学家推测，葡萄园龙的骨骼中可能有膨大的神经球，用于协调身体运动，保持身体平衡。

腔骨龙资料：

拉丁学名：Coelophysis

分类：蜥臀目 腔骨龙科

身长：2~3 米

体重：约 46 千克

化石发现地：美国亚利桑那州、新墨西哥州

聪明的恐龙军团：腔骨龙

腔骨龙是一种小型肉食性恐龙，它们以群居的方式生活。腔骨龙群体是聪明的恐龙军团，它们不仅会凭借数量优势来制伏大型猎物，还会依靠集体的力量来抵御其他种类的肉食性恐龙。

早期恐龙

腔骨龙又名虚形龙，是恐龙家族的早期成员之一。

外形特点

腔骨龙的头部狭长，颅骨有大型孔洞，能有效减轻头部重量。腔骨龙的嘴巴尖细，牙齿边缘呈锯齿状，十分锋利。

尾巴

腔骨龙尾巴很长，可以保持身体平衡。

主要食物 >>>

单独行动时，腔骨龙会捕食小型动物，如蜥蜴、鱼等。集群行动时，腔骨龙的目标可能是大型植食性恐龙，如板龙，它们会像现今的狼一样对猎物穷追不舍，并发动轮番攻击。

禽龙资料：

拉丁学名：Iguanodon

分类：鸟臀目 禽龙科

身长：9~10 米

体重：3.5~5 吨

化石发现地：英国、德国、比利时

团结勇士：禽龙

禽龙是继斑龙之后第二种被命名的恐龙。禽龙是一种群体生活的恐龙，它们性情十分温和，但是在遇到肉食性恐龙的袭击时，它们会依靠群体的力量反抗。禽龙前肢上的尖爪是禽龙与肉食性恐龙搏斗的利器。

食性特点

禽龙主要以低矮植物为食，它们的喙状嘴坚硬而锋利，能够切割植物。

强壮的后腿

禽龙的后腿虽然很强壮，但是禽龙并不善于奔跑。这可能是因为禽龙的后腿过于强壮，而使其过于沉重。

行动速度

据古生物学家推测，禽龙行动的最快速度为 24 千米 / 时。

伤齿龙资料：

拉丁学名：Troodon

分类：蜥臀目 伤齿龙科

身长：约2米

体重：50~60千克

化石发现地：美国蒙大拿州、阿拉斯加州和加拿大艾伯塔省

最聪明的恐龙：
伤齿龙

伤齿龙的大脑体积占身体的比例在所有已知的恐龙中是最大的，而且伤齿龙的感觉器官十分发达，因此，伤齿龙被认为是已知恐龙中最聪明的。伤齿龙的智力比现存任何一种爬行动物的智力都高，它们的智力可能和现今较聪明的鸟类的智力相当。

四肢特点

伤齿龙是一种体形纤细的恐龙，它们四肢修长，前肢长有羽毛，后肢肌肉发达，能够快速奔跑。

前肢

伤齿龙的前肢较长，可以像鸟类翅膀一样向后折起。

繁殖习性

繁殖季节,雌性伤齿龙会在沙地上挖坑产卵。小伤齿龙孵化后,成年伤齿龙会一直照顾它们,直到它们能够独立生存。

眼睛

伤齿龙的眼睛很大,双眼朝向前方,它们可能具有很好的深度视觉,也就是说,它们比多数恐龙看得更远、更清楚。

65

双冠龙资料：

拉丁学名：Dilophosaurus

分类：蜥臀目 双脊龙科

身长：约 6 米

体重：约 500 千克

化石发现地：美国亚利桑那州

完美的统治者：双冠龙

双冠龙是远古北美洲地区不容置疑的优势猎食者。双冠龙的头顶有两个半月形的冠状物，由前额一直延伸到头骨后方，这是双冠龙最显著的特点，也是其得名原因。

锋利的爪子

双冠龙的四肢上长有锋利的爪子，能轻易地将猎物撕碎。

动作敏捷

双冠龙的身体十分苗条，而且它们的身体很灵活，动作十分敏捷。

善于奔跑

双冠龙非常善于奔跑，细长的尾巴则会在身后保持身体平衡。

成长之路

双冠龙虽然十分强大，但仍要面对激烈的生存竞争，它们就是在竞争中成长为强大统治者的。

双型齿翼龙资料：

拉丁学名:Dimorphodom

分类:翼龙目 双型齿翼龙科

翼展:约 1.2 米

体重:不详

化石发现地:欧洲

大嘴翼龙:双型齿翼龙

双型齿翼龙是一种非常奇特的翼龙，与大多数翼龙相比，它们的身形较小。双型齿翼龙最明显的外形特征就是宽大的嘴巴,对于它们小巧的身形来说,这样又大又宽的嘴巴显得很不协调。

吸引异性

双型齿翼龙有可能会在繁殖季节用大嘴巴吸引异性。

捕食能力

双型齿翼龙视力很好、行动灵活,能够在高空飞行时准确判断猎物的位置。

细长的尾巴

双型齿翼龙长有一条细长的尾巴,能帮助它们控制飞行方向。

生存状况

双型齿翼龙在空中捕食,所以它们的生存竞争并不是特别激烈,它们有相对丰富的食物来源。

突出优势

飞行能力是双型齿翼龙最突出的生存优势。

特别之处

双型齿翼龙继承了早在三叠纪时期就已经出现的翼龙的大部分特征,同时又进化出许多完全不同的新特征。

飞行方式

双型齿翼龙借助皮膜形成的翅膀飞翔,它们的翅膀薄而轻,可以大大减轻它们飞行的负担。

食性

双型齿翼龙主要以鱼类和昆虫为食。

似鸟龙资料：

拉丁学名：Ornithomimus

分类：蜥臀目 似鸟龙科

身长：约 3.5 米

体重：100~150 千克

化石发现地：中国、蒙古国、美国、加拿大

类鸟恐龙：似鸟龙

似鸟龙是一种外形类似鸟类的恐龙。似鸟龙的头部很小，脖子很长，身形苗条轻巧，能够快速奔跑。对于弱小的似鸟龙来说，一旦遭受大型肉食性恐龙攻击，它们最好的防御策略就是迅速逃跑。

生活习性

似鸟龙是群居生活的。繁殖季节到来时，似鸟龙会聚集在一起筑巢产蛋，而那些未成年的似鸟龙不得不学会"自力更生"。

食性特点

似鸟龙生活在沼泽和森林地区，是一种杂食性恐龙，主要以植物为食，但偶尔也会捕食昆虫和小型哺乳动物等。

大眼睛

似鸟龙有一双大眼睛，即使在漆黑的夜晚，它们也能看清猎物，从而轻易地捕捉到猎物。

保持平衡 ▶▶▶▶

奔跑时，似鸟龙的尾巴会左右摆动，这可以帮助它们保持平衡。

橡树龙资料:

拉丁学名:Dryosaurus

分类:鸟臀目 橡树龙科

身长:2.4~4.3 米

体重:77~91 千克

化石发现地:美国、英国、罗马尼亚、坦桑尼亚

快跑能手:橡树龙

橡树龙是一种小型恐龙,它们的头部较小,颈部较短,身体细长。橡树龙后肢修长,且强壮而有力,它们可以凭借修长的后肢快速奔跑,是恐龙世界的快跑能手。在遭遇猎食者的袭击时,橡树龙会依靠速度优势摆脱猎食者的追击。

尾巴

橡树龙尾巴长而坚挺,在奔跑的过程中,橡树龙会将尾巴平举在半空中,帮助身体保持平衡。

群居生活

橡树龙是群居生活的,群居生活能在一定程度上提高它们抵御猎食者的能力。

橡树龙长有喙状嘴，主要以低矮植物为食。它们能用喙状嘴咬断植物的枝叶，但橡树龙的咀嚼能力不强，因此，它们的进食效率不高。

小盾龙资料：

拉丁学名：Scutellosaurus

分类：鸟臀目 装甲亚目

身长：约 1.2 米

体重：约 10 千克

化石发现地：美国亚利桑那州

"鳞甲武士"：小盾龙

小盾龙拥有小型头颅、修长的身体、纤细的四肢、宽臀部和长尾巴。小盾龙的颈部到背部、体侧、尾巴，覆盖大约 300 个鳞甲，最大的鳞甲排列在背部中线处的一二排，这些鳞甲是小盾龙天生的御敌装备。

生活习性

小盾龙喜欢在植被茂盛的平原或草原上活动。

小盾龙的前肢与后肢长度相近，它们多数时候以四足着地的方式行走。但是，小盾龙也能够以后足站立或奔跑。

长尾巴

小盾龙的长尾巴能够保持身体平衡。

行动敏捷

小盾龙行动敏捷，步履轻盈。小盾龙可以通过快速奔跑的方式摆脱猎食者的追击。

迅猛龙资料：

拉丁学名：Velociraptor

分类：蜥臀目 驰龙科

身长：约 2 米

体重：约 150 千克

化石发现地：中国内蒙古、蒙古国

聪明猎手：迅猛龙

迅猛龙又名伶盗龙，它们体形不大，但大脑占身体的比例很大，这表明它们是一种聪明的恐龙。迅猛龙身体十分灵活，它们可以依靠速度优势捕食小型猎物，也可以依靠群体力量捕食大型猎物。

捕食利器

捕猎的时候，迅猛龙会用后肢上镰刀状的趾爪刺穿猎物的重要器官来杀死猎物。

迅猛龙的身上长着羽毛，可以帮助调节体温。

善于袭击

灵活的迅猛龙善于快速袭击。

猎物

大型猎物非常难对付，但迅猛龙很有耐心。成群的迅猛龙会共同围攻一只猎物，直到猎物精疲力尽。

身体特征

迅猛龙的前肢较长，而且十分灵活；后肢修长，且肌肉发达，这使其不仅善于跳跃，而且还善于奔跑。

翼手龙资料：

拉丁学名：Pterodactylus

分类：翼龙目 翼手龙科

翼展：30~70 厘米

体重：不详

化石发现地：欧洲

飞行高手：翼手龙

古生物学家最开始发现翼手龙的化石时，并不确定这是什么动物。有人说它是一种海生动物，也有人说它是鸟类和蝙蝠的过渡种类，最终，翼手龙被确定是一种会飞的爬行动物。翼手龙不仅会飞，而且飞行能力较强。

大小不一

翼手龙种类繁多，体形各异，大小不一。一些种类像鹰一样大，一些种类小如麻雀。

翱翔

体形较大的翼手龙会爬到高处，借助上升气流使自己在空中翱翔。

外形特点

翼手龙的头骨轻而紧密，脖子较长，嘴巴细长。翼手龙的尾巴极短，它们的尾巴可能正在退化。

食性特点

　　翼手龙是一种肉食性动物，以昆虫为食，有些种类也可能会觅食鱼类。较强的飞行能力和较高的灵活性使翼手龙具备了在飞行中捕食的能力。

奇特的翅膀

　　翼手龙从前肢的第四指经过身体到后肢披有皮膜构成的翅膀。翅膀内部充满胶原纤维，外面覆盖着角质层。

飞行能力

　　翼手龙不需要借助尾巴就能保持身体平衡，也能自由改变飞行姿态，这从侧面说明它们的飞行能力较强。

骨骼

　　翼手龙的骨骼十分轻薄，能有效减轻身体重量，利于飞行。

鹦鹉龙资料：

拉丁学名	Psittacosaurus
分类	鸟臀目 鹦鹉嘴龙科
身长	1~2 米
体重	约 20 千克
化石发现地	中国、蒙古国、俄罗斯

种类最多的恐龙：鹦鹉龙

鹦鹉龙类是已知种类最多的恐龙，根据古生物学家的统计，目前已经确定的鹦鹉龙类恐龙至少有十种。另外，在鹦鹉龙生存的时期，它们很可能是族群最庞大的恐龙。

食性特点

鹦鹉龙能以坚硬的植物枝叶和果实为食。

外形特点 〉〉〉

鹦鹉龙体形很小，它们与现今的猪大小相当。鹦鹉龙头部短而宽，颧骨向外突出，颈部短，牙齿呈叶状。它们的前肢短小，后肢长而粗壮。

行走方式

鹦鹉龙既可以用后足行走，也可以用四足行走。

命名原因

鹦鹉龙的嘴像鹦鹉嘴一般尖而弯曲，因此，古生物学家将这种恐龙命名为鹦鹉龙。

胃石

鹦鹉龙会吞下胃石来帮助自己磨碎胃中坚硬的食物。

集群生活

鹦鹉龙集群生活，它们在群体中都有各自的分工和角色，这样的群居生活提高了鹦鹉龙抵御肉食性恐龙的能力。

羽王龙资料：

拉丁学名：Yutyrannus

分类：蜥臀目　暴龙科

身长：约 8 米

体重：约 1.4 吨

化石发现地：中国辽宁省北票市

羽毛暴君：羽王龙

羽毛

　　羽王龙的羽毛较为原始，类似于小鸡的绒毛，而非鸟类的羽毛。

群体捕食

　　羽王龙集群捕食，这种方式可以提高捕食成功率。

羽王龙是一种体形较大的肉食性恐龙,古生物学家在羽王龙的化石上发现了精美的羽毛印痕,这说明羽王龙的身上可能长有羽毛。对于长有羽毛的动物来说,羽王龙的体形较大,身躯较重。它们的头部巨大,身躯修长,前肢长度中等,后肢和尾巴较长。

拉丁学名：Jobaria

分类：蜥臀目 真蜥脚类

身长：约 21 米

体重：18~22.4 吨

化石发现地：尼日尔境内的撒哈拉沙漠

约巴神兽：约巴龙

约巴龙是一种蜥脚类恐龙，它们的名字是以其化石发现地附近的游牧民族神话中的一种动物命名的。约巴龙常常成群活动，凭借体形和数量优势抵御猎食者。

进食效率

约巴龙的进食效率较高，以此保证庞大身躯的能量需要。

高处的食物

树冠处的树叶鲜嫩多汁，约巴龙可以凭借身高优势吃到这里的树叶。

拉丁学名：Zuniceratops

分类：鸟臀目　角龙超科

身长：3~3.5 米

体重：100~600 千克

化石发现地：美国新墨西哥州

最早有额角的角龙：
祖尼角龙

　　生存于一亿年前的祖尼角龙，名字意为"来自祖尼部落的有角面孔"。祖尼角龙是一种体形中等的植食性恐龙，是目前所知最早有额角的角龙类恐龙，也是北美洲最古老的角龙类恐龙。它们的角状物会随年龄的增大而增大，这是判断祖尼角龙年龄的直接依据。

86

身体特征

祖尼角龙的后肢略长于前肢，它们以四足着地的方式行走，但祖尼角龙可以依靠强壮的后足站立起来采食高处的植物。

分类争议

目前，古生物学家确定祖尼角龙属于角龙类恐龙，但对于祖尼角龙亲缘分支的研究，分歧却一直存在着。

"白垩纪空隙"生物 ▶▶▶

白垩纪时期，地球环境相对恶劣，人类对这一时期地球上的生物所知甚少，因而称这一时期为"白垩纪空隙"。祖尼角龙是该时期的生存者，这对人类了解那个神秘的时代起到了很大作用。

词汇表

体形： 人或动物身体的形状。

肉食性： 动物以肉类为食的特性。

臀部： 高等动物后肢的上端和腰部相连的部分。

抵御： 抵挡；抵抗。

潜水： 在水面以下活动。

视觉： 物体的影像刺激视网膜所产生的感觉。

抚育： 照料，使健康地成长。

蕨类植物： 植物的一大类，远古时多为高大树木，现代的多为草本，用孢子繁殖。

爬行动物： 脊椎动物的一纲，体表有鳞甲，体温随着气温的高低而改变，用肺呼吸，卵生或卵胎生，无变态。

趾骨： 构成脚趾的骨。

打斗： 打架争斗；厮打搏斗。

反抗： 用行动反对，抵抗。

天敌： 自然界中某种动物专门捕食或危害另一种动物，前者就是后者的天敌。

侏罗纪： 中生代的第二个纪，位于三叠纪和白垩纪之间，约 1 亿 9960 万年前到 1 亿 4550 万年前。

骨骼： 人和动物体内或体表坚硬的组织。

前额： 额，因额在头的前部，所以叫前额。

植物： 生物的一大类，一般有叶绿素，多以无机物为养料，没有神经，没有感觉。

杂食性： 动物以动、植物为食的特性。

鞭状： 形状细长类似鞭子。

植被： 覆盖在某一地区地面上、具有一定密度的许多植物的总和。

轮番： 轮流。

锯齿状： 形似锯条上的尖齿。

繁殖： 生物产生新的个体，以传代。

捕食： 捕获食物；捉住别的动物并把它吃掉。

猎物： 猎取到的或作为猎取对象的鸟兽。

草原： 半干旱地区主要生长草本植物的大片土地，间或长有耐旱的树木。

刺穿： 尖的东西进入或穿过物体。

角质层： 某些动植物体表的一层有机化合物，由多种结构比较复杂的成分构成，质地坚硬，有保护内部组织的作用。

绒毛： 动物身体表面和某些器官内壁长的短而柔软的毛。

树冠： 乔木树干的上部连同所长的树叶。

植食性： 动物以植物为食的特性。